1 99

Absolument RENVERSANT!

LES CATASTROPHES NATURELLES

Les presses d'or®

Golden Books Publishing Company, Inc., New York, New York 10106

Numéro de catalogue de la Bibliothèque du Congrès : 98-84145 • ISBN original : 0-307-20165-1

Adaptation : Le Groupe Syntagme inc.

Édition française publiée par LES PRESSES D'OR®
7875, L.-H.-Lafontaine, bureau 105, Anjou (Québec) Canada H1K 4E4
Dépôts légaux : 1er trimestre 2000

La nature s'emballe

ALERTE MÉTÉO

Les catastrophes naturelles sont d'importants désastres qui frappent la planète de temps à autre. Les catastrophes peuvent être causées par les éléments déchaînés ou par de puissants mouvements à l'intérieur de la Terre. Certaines nous arrivent même de l'espace!

Un gros chaudron bouillant

La Terre est recouverte de plaques de roc qui flottent sur une mer de roches en fusion extrêmement chaude, appelée magma. La plupart du temps, les plaques restent bien sagement en place, mais...

Ça chauffe!

... lorsque les plaques s'éloignent les unes des autres ou glissent l'une sur l'autre, le magma brûlant se faufile entre elles et est projeté à la surface de la Terre.

Crac!

Lorsque les plaques entrent en collision les unes avec les autres, le sol tremble et les édifices s'écroulent. C'est un tremblement de terre!

Des catastrophes meurtrières

Les catastrophes naturelles sont formidables à voir, mais n'oublie pas qu'elles causent souvent la mort de nombreuses personnes. Les experts tentent de prédire les catastrophes avant qu'elles ne surviennent. Mais quelquefois, le temps manque pour évacuer. Après la catastrophe, des équipes de sauveteurs se rendent au plus vite sur les lieux et apportent de la nourriture, des abris et une aide médicale.

▲ Cet amas de ruines est tout ce qui reste d'une rangée de maisons. Pendant une terrible tempête, des vents violents ont complètement détruit les bâtiments.

Des volcans en éruption

Les volcans sont remplis de roche liquide appelée lave. Certains volcans crachent un peu de lave chaque jour. D'autres dorment pendant des milliers d'années puis se réveillent avec une explosion spectaculaire. Cette puissante détonation peut faire voler le volcan en éclats!

Le retour de la période glaciaire

Au début du 16e siècle, deux gros volcans ont fait éruption. Ils ont projeté dans le ciel d'énormes nuages de cendre qui ont bloqué les rayons du soleil. L'Europe est devenue très froide, et l'océan Arctique a gelé. Les ours polaires auraient pu traverser la mer gelée pour visiter de nouvelles terres !

LE RÉVEIL DU GÉANT ENDORMI

... et des rivières de feu !

Ça alors !
Certains types de lave avancent à pas de tortue. D'autres coulent à une vitesse pouvant atteindre 50 km/h.

▲ Une rivière de lave brûlante coule le long des pentes de ce volcan à Hawaï et carbonise tout ce qui se trouve sur son chemin. Lorsque la lave refroidit, elle recouvre le sol d'une roche dure et grise.

HA ! HA ! Qu'est-ce qu'un volcan ? Une montagne qui a le hoquet ! **HÉ ! HÉ !**

Gravé dans la pierre

Après l'éruption d'un volcan, rien n'est plus pareil. La lave et les cendres brûlantes refroidissent et deviennent des roches dures. Beaucoup de ces roches ont des formes bizarres. D'autres cachent des secrets incroyables.

Comiques maisons coniques

Ces cônes qui semblent sortis tout droit d'un conte de fées ont été laissés par des volcans qui ont fait éruption il y a huit millions d'années en Turquie. La pluie a fait disparaître les parties les plus molles des cônes, ce qui a creusé des cavernes que les personnes se sont mises à habiter. Aujourd'hui, quelques personnes y vivent encore.

Recouverts de cendre

En l'an 79, en Italie, un immense volcan appelé le Mont Vésuve a fait éruption. Il a déversé des cendres brûlantes sur la ville romaine de Pompéi. Les habitants de la ville ont tenté de fuir, mais ils ont été ensevelis vivants. Les cendres ont fini par se durcir, retenant pour toujours les malheureuses victimes prisonnières de leur tombeau de roche.

DÉCOUVERTE DES HABITANTS DE POMPÉI

1 Des siècles plus tard, des archéologues qui faisaient des fouilles dans les pierres de Pompéi ont découvert des trous qui avaient des formes humaines. Les corps qui se trouvaient dans les trous s'étaient désintégrés il y a bien longtemps.

2 Les archéologues ont utilisé les trous comme des moules. Ils les ont remplis de plâtre de Paris et ont attendu qu'il durcisse.

3 Lorsque le plâtre a été sec, les archéologues ont cassé la pierre qui l'entourait. Ils ont obtenu des modèles en plâtre des Romains et de leurs animaux familiers qui tentaient de fuir !

Cette photographie des modèles en plâtre des Pompéiens donne une idée de la force de la déflagration qui a projeté tous les habitants du village sur le sol. On voit une scène frappante figée dans le temps.

Quand CRAC! tout bouge

Comme c'est étrange

En 1995, un tremblement de terre a détruit la ville de Kobé, au Japon, mais l'aéroport n'a subi aucun dommage, car il est construit sur une immense masse spongieuse qui agit comme un coussin géant.

Lorsque les plaques terrestres viennent à se heurter, le sol tressaute et remue, ce qui cause un tremblement de terre. La plupart des tremblements de terre sont si faibles qu'on ne les remarque même pas. Mais un grand tremblement de terre peut détruire des villes et même déplacer des montagnes!

Le grand incendie de San Francisco

En 1906, San Francisco est frappée par un tremblement de terre qui entraîne une autre catastrophe. Lorsque les édifices se sont écroulés, le bris des conduites de gaz, des fils électriques et des appareils de chauffage a déclenché un incendie qui a ravagé la plus grande partie de la ville.

On fait des vagues

Les tremblements de terre sous-marins créent d'immenses vagues appelées tsunamis. Lorsqu'un tsunami frappe une côte, l'immense vague se déplace deux fois plus vite qu'une voiture de course et peut atteindre trois fois la hauteur d'une maison. Elle engloutit tout ce qui se trouve sur son passage et emmène tout au large lorsqu'elle se retire.

1 cm 2 cm 3 cm 4 cm 5 cm 6 cm 7 cm 8 cm 9 cm 10 cm 11 cm 12 cm 13 cm 14 cm 15 cm 16 cm 17 cm 18 cm 19 cm 20 cm

Si une des plaques se déplace de seulement 20 centimètres, cela peut déclencher un tremblement de terre suffisamment puissant pour détruire une ville.

À la rescousse

Après un tremblement de terre, il faut faire vite pour dégager les personnes prisonnières des ruines. Des chiens spécialement dressés et dont l'odorat est particulièrement sensible sont utilisés pour retrouver les survivants. Ils aboient pour annoncer la bonne nouvelle à une équipe de sauveteurs qui dégagera la personne pour la mettre à l'abri.

Un tremblement de terre puissant ne dure que quelques secondes, mais il peut réduire une ville à l'état de ruines.

Vents violents

HA! HA! Pourquoi un ouragan est toujours à la mode? Parce qu'il est dans le vent! HÉ! HÉ!

Les ouragans sont de violentes tempêtes accompagnées des vents les plus forts au monde. Sur la mer, ces vents peuvent former d'énormes vagues qui engloutissent les bateaux. Sur la terre, ils peuvent déraciner des arbres et souffler des maisons.

▲ En 1992, un formidable ouragan appelé Andrew s'est abattu sur la côte de la Floride. Les vents ont atteint 280 km/h et ont même déplacé des bateaux jusque dans les rues!

Ça tourne !

Cette photo, prise à partir de l'espace, montre un ouragan qui traverse l'océan et se dirige vers les États-Unis. Les vents les plus dangereux et les pluies les plus fortes se trouvent dans la large partie blanche de la tempête.

Tempête traîtresse

Le centre d'un ouragan, appelé l'œil de l'ouragan, est complètement immobile. Lorsque l'œil passe, tout est calme. On peut croire que la tempête est terminée, mais en fait, on se trouve en plein en son centre. Ça donne la chair de poule !

Un nom qui en dit long !

Tous les ouragans portent un nom qui permet de les identifier facilement. La première personne à baptiser les ouragans était un spécialiste de la météo qui vivait dans les années 1800. Il leur donnait le nom de personnes qu'il n'aimait pas !

Dites-moi pourquoi

LES TEMPÊTES DE SABLE POSENT DES ENNUIS

En Égypte, les vents forts balaient le désert et se transforment en vilaines tempêtes de sable appelées « haboobs ». Les vents peuvent recouvrir de nuages de sable et de poussière des villages entiers, et même les pyramides anciennes.

Il y a des millions d'années, de terribles tempêtes de sable faisaient rage dans le désert de Gobi, en Asie, recouvrant de sable des dinosaures et leurs œufs. Le sable chaud a permis une conservation parfaite des œufs. Le désert de Gobi est maintenant un endroit couru des experts en dinosaures !

Terrible Tornade

Une tornade est un tourbillon de vent meurtrier qui descend du ciel. Lorsqu'elle frappe le sol, elle avale tout ce qui se trouve sur son passage, comme un monstrueux aspirateur. Une tornade vraiment puissante peut même faire voler des wagons dans les airs !

Touché !

Cette tornade meurtrière s'est formée à partir des nuages de tempête dans la Monument Valley, en Arizona. Lorsqu'une tornade touche le sol, elle émet un grondement assourdissant et projette de la poussière tout autour. Elle commence alors un parcours qui sème la destruction.

Mais ils sont fous !

À la vue d'une tornade, la plupart des gens s'enfuient rapidement dans la direction opposée Mais pas les chasseurs de tornades ! Ils passent leur vie à traquer les tornades. Ils sont fous de joie lorsqu'ils peuvent filmer des tornades jumelles !

Un vol d'écoliers

En 1986, en Chine, une tornade a aspiré 13 écoliers et les a transportés dans les airs sur 19 kilomètres. Lorsqu'elle les a redéposés, aucun d'eux n'était blessé !

▲ Lorsqu'une tornade se forme sur un lac ou sur la mer, elle aspire la surface de l'eau et forme une colonne tourbillonnante appelée trombe marine.

Eau secours !

Depuis toujours, la pluie est la cause la plus importante des catastrophes naturelles. De brèves pluies diluviennes inondent les maisons instantanément, et des pluies qui se prolongent entraînent des ennuis encore plus grands. Les rivières gonflent jusqu'à déborder et répandent des litres et des litres d'eaux boueuses sur des kilomètres.

Comme c'est étrange

Il peut se produire des inondations même dans les déserts. Lorsqu'une tempête éclate dans des montagnes situées tout près, l'eau dévale les pentes. Puis elle s'écoule dans le désert sec, renversant tout sur son passage.

LE DÉLUGE

La Bible raconte comment, il y a bien longtemps, Dieu a décidé d'envoyer une terrible inondation pour punir tous les gens mauvais du monde. Il a dit à un homme appelé Noé de construire un bateau appelé une arche. Dieu voulait sauver la famille de Noé et un couple de chaque espèce animale.

Il a plu pendant 40 jours et 40 nuits. L'eau a tellement monté qu'elle a recouvert les montagnes les plus hautes. Mais l'arche de Noé flottait sur cette étendue d'eau.

Lorsque l'eau s'est enfin retirée, l'arche a accosté sur le sommet d'une montagne. Noé et les animaux ont entrepris une nouvelle vie, et Dieu a promis de ne jamais plus envoyer de grands déluges.

Bêtes volantes

Souvent, l'hélicoptère reste la seule façon d'évacuer des gens pendant une importante inondation - les animaux ne sont pas oubliés non plus ! Un hélicoptère ramasse les vaches et les moutons en détresse. Les bêtes, qui ne comprennent pas ce qui leur arrive, sont placées dans un harnais et emportées dans les airs jusqu'à un lieu sûr.

À l'abri, sur pilotis

Dans certains pays chauds, bien des gens vivent dans des maisons construites sur pilotis. Ils savent qu'à chaque année, pendant la saison des pluies, il peut pleuvoir sans arrêt pendant des jours. Lorsque les villes et les villages sont inondés, ces gens prévoyants restent bien à l'abri et bien au sec dans leur maison surélevée.

▲ Ces hommes pêchent sur la route pendant une inondation. Ils pourraient y être longtemps - il faut parfois des semaines avant que l'eau se retire complètement.

Le Péril blanc

L'imprévisible météo hivernale apporte son lot de dangers bien particuliers. De violentes tempêtes de neige emprisonnent parfois les gens dans leur maison. Toutefois, le phénomène le plus dangereux, ce sont les avalanches qui dévalent les pentes des montagnes. Ces immenses éboulements de neige balaient tout sur leur passage.

Incroyable mais vrai !
Chaque année, il se produit environ 100 000 avalanches dans les Rocheuses. Heureusement, les blessés sont rares.

Un bonne pelletée...

Le blizzard réunit deux éléments meurtriers : de fortes chutes de neige et des vents violents. Les terribles rafales forment rapidement de gros amas de neige appelés congères. Les congères les plus grosses peuvent atteindre trois ou quatre fois la taille d'un adulte. C'est suffisant pour ensevelir une maison.

Avalanche en puissance

Une tempête de neige est un bon ingrédient pour fabriquer une avalanche. Lorsque la neige qui se dépose sur le versant d'une montagne devient trop lourde, elle s'écroule soudainement. À mesure que les blocs de glace déboulent, ils prennent de la vitesse - et ramassent de la neige - jusqu'à ce que des millions de tonnes de neige dévalent les pentes. Une avalanche gagnerait une course contre une voiture qui file à 100 km/h.

▲ **Il est presque impossible de marcher et même de voir devant soi dans un blizzard. Les vents violents font tourbillonner la neige de tous côtés jusqu'à ce qu'on n'y voie que du blanc.**

Dites-moi pourquoi

LES GENS TIRENT SUR LA NEIGE

Pendant la Première Guerre mondiale, on utilisait les avalanches comme arme. Des soldats qui se battaient dans les montagnes de France tiraient des coups de feu sur des corniches de neige qui surplombaient le camp ennemi. Leurs coups de feu déclenchaient des avalanches qui ensevelissaient leurs ennemis sous la neige.

De nos jours, les experts tirent avec des armes spéciales pour faire tomber la neige qui surplombe des villages de montagne afin d'en protéger les habitants. Les petites explosions déclenchent des mini-avalanches qui ne sont pas dangereuses. Ainsi, la neige ne s'accumule pas, et on évite les avalanches meurtrières.

À boire...

Lorsqu'un temps chaud et sec se poursuit pendant des mois ou des années, on dit qu'il y a une sécheresse. Quand celle-ci est grave, les cours d'eau s'assèchent et les champs verts deviennent des déserts poussiéreux.

La quête de l'eau

Une longue période de chaleur brûlante cuit le sol, qui devient dur et craquelé. À la recherche de nourriture et d'eau, les troupeaux soulèvent la poussière en traversant des pâturages complètement secs. Ils doivent parfois parcourir des centaines de kilomètres avant de trouver un point d'eau.

QUE DE POUSSIÈRE !

Une arme contre la chaleur

Certains endroits du monde sont frappés à répétition par des sécheresses. Lorsque cela se produit, il vaut mieux régler le problème à la source. On envoie alors dans le ciel des avions bien spéciaux. Leur mission ? Bombarder les nuages de produits chimiques pour qu'ils laissent enfin s'échapper les gouttes de pluie qu'ils contiennent.

▲ Pendant une sécheresse, les arbres et les buissons des forêts deviennent chauds et secs. La plus petite étincelle peut déclencher un immense brasier qui fera rage pendant des jours.

La menace venue de

Des milliers de rochers appelés astéroïdes se déplacent dans l'espace. La plupart du temps, ils tournent autour du Soleil, mais parfois, ils se dirigent en plein sur la Terre. Les grosses collisions sont rares, mais lorsqu'elles surviennent, elles peuvent ébranler la planète!

▲ On trouve des astéroïdes de toutes tailles et de toutes formes. Ils peuvent être aussi petits qu'un caillou ou presque aussi gros qu'une planète. Les gros astéroïdes peuvent avoir des centaines de kilomètres de diamètre.

Ouf!

En 1996, un astéroïde est passé à seulement 450 000 km de la Terre. C'est la même distance qui nous sépare de la Lune. Ça peut te sembler bien loin, mais à l'échelle de l'espace, c'est suffisamment proche pour être inquiétant!

Catastrophe préhistorique

Bien des scientifiques croient que c'est un énorme astéroïde qui est responsable de la disparition des dinosaures il y a 65 millions d'années. L'explosion causée par son écrasement a soulevé un nuage de poussière qui a bloqué les rayons du soleil. La Terre est devenue si sombre et si froide que tous les dinosaures sont morts.

l'espace

Boum !

Il y a environ 22 000 ans, une météorite géante s'est écrasée dans le désert de l'Arizona. Elle a créé un énorme cratère. Son diamètre équivaut à trois fois la hauteur de l'Empire State Building.

Dites-moi pourquoi

C'EST FANTASTIQUE D'AVOIR UNE ATMOSPHÈRE

Chaque jour, la Terre reçoit de toutes petites pierres provenant de l'espace. Heureusement pour nous, la plupart d'entre elles se consument dans l'atmosphère et deviennent des étoiles filantes. Le soir, lorsque le ciel est clair, tu peux voir ces « étoiles » sous forme de traînées lumineuses qui traversent le ciel.

La Lune n'a pas d'atmosphère pour la protéger de tous les cailloux qui proviennent de l'espace. Elle se fait continuellement bombarder. On dit qu'il y a plus de trois milliards de cratères sur sa surface !

Spécialistes en catastrophes

LES YEUX AU CIEL

Certains scientifiques utilisent des appareils fascinants qui leur permettent de détecter les catastrophes. On peut dire qu'ils cherchent les ennuis! Ils ne peuvent arrêter les tempêtes ni les tremblements de terre, mais ils peuvent essayer de prévenir les gens.

Docteurs ès volcans

Les volcanologues sont un peu comme des médecins. Ils ont comme domaine d'étude un sujet brûlant: les volcans. Tout d'abord, ils inspectent les pentes du volcan pour voir si elles sont gonflées de magma brûlant. Ensuite, ces « médecins » passent le volcan au détecteur de gaz, à la recherche du moindre signe de fuite.

LA PLUIE ET LE BEAU TEMPS

Les météorologues travaillent dans des centres météorologiques où ils recueillent toutes sortes de renseignements concernant un phénomène météorologique suspect. Ils observent l'évolution du temps et les endroits susceptibles d'être touchés.

▲ Ces scientifiques lancent un ballon-sonde météorologique géant. Les instruments qu'il contient permettront de mesurer ce qui se passe dans les nuages.

Terrifiants tremblements

Il est difficile de prévoir le moment auquel un tremblement de terre se produira, et son ampleur. Un appareil très utile, appelé dilatomètre, aide les scientifiques à prédire les tremblements de terre. Il enregistre les moindres frémissements du sol qui peuvent dénoter qu'une secousse beaucoup plus grosse s'en vient.

Comme c'est étrange

Ce sont souvent les animaux qui sonnent l'alerte en cas de tremblement de terre. En effet, les vers, les serpents, les rats et les souris sortent de leur trou juste avant le début du tremblement de terre.

Légendes fantastiques

Il y a bien longtemps, les gens attribuaient à des monstres ou à des dieux en colère les terribles pouvoirs de la nature et racontaient des histoires incroyables sur les méfaits de ces puissances malicieuses. Les phénomènes naturels n'ont plus de mystère pour nous, mais ils donnent des idées aux réalisateurs de films d'action!

Comme c'est étrange

Il y a bien longtemps, au Mexique, les Aztèques croyaient qu'un dieu vivait à l'intérieur du violent volcan qui surplombait leur ville. Souvent, ils jetaient des jeunes filles dans le volcan, espérant que cette sordide offrande amènerait le dieu à cesser de cracher par le sommet du volcan.

POISSONS DE FOND

Au Japon, on croyait jadis que les tremblements de terre étaient causés par un poisson-chat géant qui vivait sous terre. Lorsqu'il se débattait dans la boue, le sol bougeait tellement que cela déclenchait un tremblement de terre.

Les dieux ont tenté d'arrêter le déplaisant poisson. Ils l'ont écrasé sous une lourde roche pour qu'il cesse de bouger.

Puis, un jour, un terrible tremblement de terre a détruit la ville ancienne d'Edo. Les gens ont cru que le poisson s'était libéré pendant que les dieux étaient occupés ailleurs.

Souris, tu m'inquiètes!

Les indiens Chippewa de l'Ohio ont une légende pour expliquer les inondations – c'est la faute d'une souris. Selon la légende, la chaleur du soleil est conservée dans un sac. Le malfaisant rongeur fait un trou dans le coin du sac, laissant échapper toute la chaleur. Toute cette chaleur fait fondre la neige des montagnes, ce qui inonde les terres.

Le monde englouti

Les Grecs anciens croyaient que Zeus, un de leurs dieux, déclenchait des tremblements de terre lorsqu'il était en colère. Des histoires racontent comment Zeus s'est fâché tout noir contre les gens d'une île magique appelée l'Atlantide. Il leur a envoyé un tremblement de terre qui a englouti l'île sans laisser de traces. Encore aujourd'hui, certaines personnes se demandent si cette île a vraiment existé.

▲ **La version française « Tremblement de terre » raconte comment Los Angeles est frappée par un énorme tremblement de terre. Lorsque le film a été présenté pour la première fois, un ingénieux dispositif installé dans les cinémas faisait bouger les sièges pour que les spectateurs vivent vraiment l'action !**

HA ! HA ! Qu'est-ce qu'un homme d'affaires fait pendant un tremblement de terre ? Il brasse de grosses affaires ! **HÉ ! HÉ !**

Ennuis à

Tout le monde le sait, la Terre se réchauffe. Chaque jour, en raison de l'activité humaine, des émanations polluantes sont rejetées dans la délicate atmosphère qui recouvre la Terre. Personne ne sait vraiment ce que cela provoquera ni quelles catastrophes naturelles nouveau genre nous attendent.

Incroyable mais vrai !

Quelques scientifiques estiment que la Terre se réchauffe de façon naturelle. La pollution que nous rejetons dans l'air ne fait qu'accélérer le processus.

Comme c'est étrange

Lorsque les vaches font des rots, elles émettent de grandes quantités d'un gaz appelé méthane, qui cause le réchauffement de la planète !

Ça va chauffer !

Si la Terre est chaude et confortable, c'est grâce à une couche spéciale de gaz qui se trouve dans l'atmosphère et qui conserve une partie de la chaleur du soleil. Sans elle, notre planète serait si froide qu'on ne pourrait y vivre. Malheureusement, les voitures et les usines rejettent des gaz comme le dioxyde de carbone dans l'atmosphère, et ces gaz retiennent trop de chaleur !

l'horizon

Ainsi fond, fond, fond...

Selon certains scientifiques, la planète pourrait un jour devenir si chaude que les immenses plaques de glace qui recouvrent les pôles Nord et Sud pourraient fondre, ce qui libérerait de grandes quantités d'eau dans les océans du monde. Les terres basses seraient inondées, et les îles dans plusieurs parties du monde disparaîtraient complètement.

Des ouragans à gogo

Si la Terre se réchauffait, il y aurait des tempêtes plus importantes et plus destructrices que jamais ! Les nuages de petites tempêtes aiment se nourrir de l'air humide qui se dégage de l'eau chaude. Cela leur donne de la force et leur permet de se transformer en ouragans monstres.

Un trou dans le ciel !

Très haut au-dessus de la Terre, il y a une couche de gaz invisible appelé ozone, qui protège notre peau des dangereux rayons du soleil. Mais maintenant, selon les scientifiques, il y a un trou dans la couche d'ozone, et certains de ces rayons nocifs se rendent jusqu'à nous.

D'affreux frigos

On a découvert les traîtres qui détruisent la couche d'ozone : ce sont les aérosols et les réfrigérateurs. Souvent, ces objets d'usage courant contiennent des produits chimiques appelés chlorofluorocarbones ou CFC. Ces vilains produits chimiques s'échappent dans l'atmosphère et avalent la couche d'ozone qui y flotte.

Points chauds

Plusieurs endroits du monde sont particulièrement touchés par les catastrophes naturelles. Ces points chauds sont plus susceptibles d'en être victimes que tout autre endroit dans le monde. Voici un guide sur ces zones dangereuses.

La tournée des tornades

Chaque année, environ 1 000 tornades traversent les États-Unis. La plupart surviennent dans le Midwest.

Zone de tremblement de terre

La faille de San Andreas est une longue bande de terrain instable le long de la côte californienne. Là, de grandes villes se trouvent dans la ligne de tir des tremblements de terre.

Pas une goutte

Le Sahel, en Afrique, est l'endroit le plus sec au monde. Cette région chaude et poussiéreuse peut ne pas recevoir de pluie pendant trois ans, tandis que la pluie tombe en abondance sur les terres environnantes.

Cercle de feu

Cette partie de l'océan Pacifique est particulièrement explosive ! Les trois quarts des volcans actifs du monde sont situés dans ce cercle de feu.

Encore de la pluie!

Pendant près de la moitié de l'année, le Nord-Est de l'Inde reçoit des tempêtes de pluie apportées par les vents de la mousson. Pendant le reste de l'année, il ne pleut pratiquement pas !

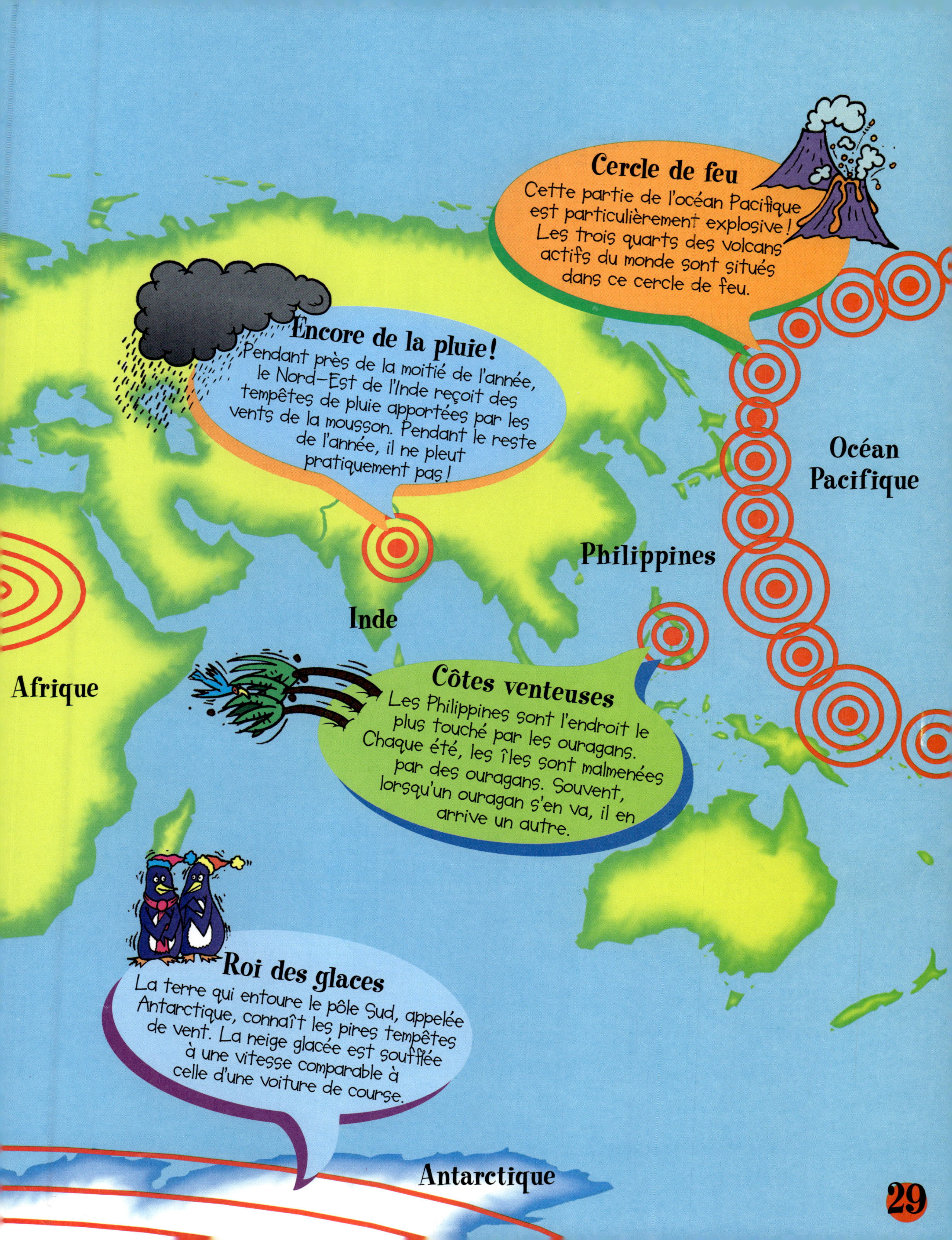

Côtes venteuses

Les Philippines sont l'endroit le plus touché par les ouragans. Chaque été, les îles sont malmenées par des ouragans. Souvent, lorsqu'un ouragan s'en va, il en arrive un autre.

Roi des glaces

La terre qui entoure le pôle Sud, appelée Antarctique, connaît les pires tempêtes de vent. La neige glacée est soufflée à une vitesse comparable à celle d'une voiture de course.

Des bandits naturels

Les catastrophes naturelles sont les pires fauteurs de troubles au monde. Elles enfreignent toutes les règles et causent des dégâts partout où elles se produisent. Voici certains de ces affreux bandits.

Andrew le filou

L'ouragan Andrew a été la catastrophe naturelle la plus coûteuse pour les États-Unis. Par un beau matin, en 1992, ses vents violents ont balayé la Floride, détruisant les maisons et endommageant les bateaux. Il a causé pour 30 milliards de dollars de dommages. C'est plus que la somme des gros lots de toutes les loteries de l'État !

Le gang des tornades

L'Amérique n'est jamais à l'abri des tornades. En un seul mois, en 1995, un gang d'environ 400 tornades a terrorisé 36 États. Pendant une seule journée, 86 tornades ont sévi.

Terrible trio

En mai 1970, la ville de Yungay, au Pérou, a été frappée trois fois de suite. Tout d'abord, ses habitants ont été tirés du lit par un tremblement de terre. Ensuite, la ville a été inondée, avant d'être engloutie par une gigantesque coulée de boue.

Des bienfaiteurs

Les volcans ne sont pas tous des brigands ! Bien des volcans sont recherchés pour leur chaleur. La roche volcanique réchauffe les eaux souterraines. En Islande, cette eau chaude est pompée directement dans les salles de bains des maisons.

Écran de fumée

Les volcans causent des explosions vraiment spectaculaires. Ils peuvent souffler jusqu'à 50 000 m^3 de cendres chaudes et de roches dans les airs. C'est suffisant pour remplir 50 fois la grande pyramide d'Égypte !

Index et glossaire

Afrique, 28
Antarctique, 29
Antiquité japonaise, 24
Arche de Noé, 14
Archéologue, 6
Personne qui nous permet d'en savoir plus sur le passé en étudiant les vieux bâtiments et les restes anciens.
Asie, 11
Astéroïdes, 20, 21
Pierres qui se promènent dans l'espace, surtout autour du Soleil.
Atlantide, 25
Atmosphère, 21
Couche de gaz mixte qui entoure la Terre.
Avalanche, 16, 17
Aztèques, 24

Ballon-sonde météorologique, 23
Blizzard, 16, 17
Boue, 4, 30

Cercle de feu, 29
Chine, 12

Désert, 11, 14
Dilatomètre, 23
Dinosaure, 11, 20
Dioxyde de carbone, 26
Un des gaz qui retient la chaleur du soleil.

États-Unis, 11, 18, 28, 30

Faille de San Andreas, 28
Feu de forêt, 19

Glace, 4, 27
Grand incendie de San Francisco, 8
Grèce antique, 25

Haboob, 11

Inde, 29
Inondation, 14, 15, 24, 27, 29
Islande, 31
Italie, 6

Japon, 8

Lave, 4, 5, 6
Roche liquide bouillante crachée par un volcan.

Magma, 2, 22
Roche liquide brûlante qui se trouve sous terre.
Météorite, 21
Astéroïde qui s'est écrasé sur la Terre.
Météorologue, 22
Scientifique qui étudie la météo.
Méthane, 26
Un des gaz qui aide à garder la Terre chaude.
Mexique, 24
Mont St. Helens, 4
Mont Vésuve, 6
Mousson, 29
Vent qui apporte la pluie à certains moments de l'année.

Neige, 16, 17, 29

Ouragan Andrew, 10, 30
Ouragan, 10, 11, 27, 29, 30
Ozone, 27
Couche de gaz située très haut dans l'atmosphère qui nous protège des rayons dommageables du soleil

Pérou, 30
Peuple Chippewa, 24
Philippines, 29
Pompéi, 6, 7
Pyramide d'Égypte, 11, 31

Radar, 22
Appareil qu'utilisent les météorologues pour repérer des nuages de tempête encore loin.

Sahel, 28
Satellite, 22
Engin spatial qui tourne autour de la Terre et envoie de l'information.
Sauvetage, 2, 9, 14
Scientifique, 4, 22, 23, 26, 27
Sécheresse, 18, 19, 28
Spécialiste des prévisions météorologiques, 11

Tempête de sable, 11
Tempête, 3, 10, 11, 27, 29
Tornade, 12, 13, 28, 30
Tremblement de terre, 2, 8, 9, 24, 25, 28, 30
Trombe marine, 13
Trou dans la couche d'ozone, 27
Tsunami, 8
Vague géante causée par un tremblement de terre sous-marin ou une éruption volcanique.
Turquie, 6

Vent, 10, 11, 16, 17, 28
Volcan, 4, 5, 6, 22, 24, 29, 31
Volcanologue, 22
Scientifique qui étudie les volcans.

Illustrations : Gary Bines, Gary Boller
Consultants : Brian Baptie (géologue) et Rodney Blackall (météorologue)
Auteurs : Sarah Fecher, Clare Oliver
Adaptation française : Le Groupe Syntagme inc.
Photographies : couverture : Tony Stone Images; p. 1 : Tony Stone Images; p. 3 : Pictor; p. 7 : Planet Earth Pictures; p. 8 : Powerstock/Zefa; p. 9 : Colorific!; p. 11 : Science Photo Library; p. 12 : Oxford Scientific Films; p. 13 : Planet Earth Pictures; p. 14 : Tony Stone Images; p. 15 : Planet Earth Pictures; p. 17 : Colorific!; p. 18-19 : Tony Stone Images; p. 20 : Powerstock/Zefa; p. 21 : Craig Fujii/Seattle Times; p. 23 : Science Photo Library; p. 24 : Science Photo Library; p. 25 : Science Photo Libray; p. 27 : Universal, gracieuseté de la collection Kobal; p. 29 : Science Photo Library; p. 30 : Image Bank; p. 31 : FLPA.